田园风情

Pastoral Style

创意样板房

梅剑平　主编

中国林业出版社

目录
CONTENTS
创意样板房

田园风情

Pastoral
Style

惬意的生活

这是一个看了就过目不了的家，然而若要讲它的妙处，却让人唯恐挂一漏万。此时观者才明白，那些安静而朴素的设计，聚合在一起才能展现主人胸中巧思熟虑的全局。

这不是一个可让你如蝴蝶穿花般徜徉的场所，然而，即便有人不愿留恋，却没人能否认置身此处后的余味悠然，一目便可纵览，却久久难以忘怀。

家就是一个要让人呆得住的地方，人在家中应该是能自由享受随意的舒适。喜欢的东西，不论是公仔、相片、植栽、甚至是画册，只要感觉到了属于、适合他们的空间，便也不拘泥摆设。

客厅的颜色、材质、家具款式都是设计师一贯喜欢的风格。背景墙透出不加修饰的肌理，给人一种纯朴原始的自然美。灯和家具的配合，营造出一种温润的感觉。家具的本身设计感已经让它足够美。而客厅中的神来之笔，就是那完美的搭配，若隐若现的光线进入，有一种独特的气质，余味悠然……

项目名称：舟山汇景东方样板房别墅 A
地　　址：古美路 37 号 -1
设　　计：崔俊
面　　积：350 平方米
装饰材料：金意陶、简一陶瓷、金贝地砖、日本墙纸、莱克斯曼家具

> 法国普罗旺斯的天空蓝的通透明澈，空气像新鲜的冰镇柠檬水沁入肺里，心底最深处如有清泉流过，直想歌啸。漫山遍野的薰衣草让人狂喜不已，自行车上、牛头上、少女的裙边插满深紫浅蓝的花束，整个山谷弥漫着熟透了的浓浓草香。田里一笼笼四散开来的薰衣草和挺拔的向日葵排成整齐的行列一直伸向远方，田边斜着一棵苹果树，不远处几栋黄墙蓝木窗的小砖房子。
>
> 阳光撒在薰衣草花束上，是一种泛蓝紫的金色光彩。当暑期来临，整个普罗旺斯好象穿上了紫色的外套，香味扑鼻的薰衣草在风中摇曳，整个设计体会大自然的奇妙，让我带着你踏遍薰衣草的每一个角落，让你亲身感受法国农村的特色，及风土人情。

项目名称：绒情普罗旺斯
地　　址：南京 爱涛漪水园
设　　计：DOLONG 设计
面　　积：270 平方米
装饰材料：马赛克、磨砂镜、混白饰面、软包、进口砖、墙纸、复古地板

业主爱抽烟，爱摄影，特别推崇美式生活的休闲氛围和艺术气息。一直梦想自己的家能做成那样的效果。

本案摒弃了繁琐和奢华，以舒适机能为导向，强调自然休闲。强调硬装软装的配合，设计之初首先确定了主要家具的款式、色彩、面料，以此为基础确定装修的材料、色彩。呈现自然、雅致、品位而不失活泼的生活气息。

将原来的三层楼梯及卫生间完全打掉，重新构建楼板布置楼梯及卫生间位置，使得所有的卧室都是带卫生间的套房，楼梯的改动为连接客厅 餐厅的过厅引入空间重点，又满足了业主对弧型楼梯的偏爱。客厅落地窗改门，餐厅东墙开大窗，将户外景观引入客厅，让室内外活动更为便捷，更为亲近自然。将北露台改为卫生间，非常好的采光通风效果，扩大了使用面积从而让业主有了更多的储藏空间。

美式家具、仿古地板，宽大的布艺沙发，碎花窗帘，色彩典雅温和。配饰加入古典元素，动物造型，营造出一种令人向往的舒适宁静。环保是第一位的。硅藻泥的大量使用满足了设计上复古的质感要求，同时也能净化空气，另外强调材料的质感变化和统一。

项目名称：美式休闲
地　　址：江苏 南京
设　　计：廖昕曜
面　　积：350 平方米
装饰材料：美式家具、仿古地板、布艺沙发、碎花窗帘

一层平面布置图

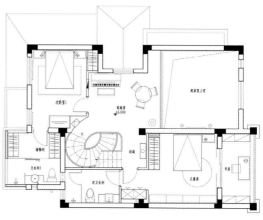

二层平面布置图

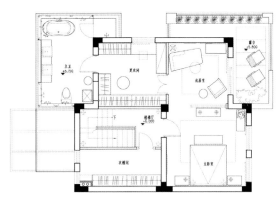

三层平面布置图

　　客厅的色调非常简单，咖啡，米白是主色，两者深浅搭配组合，非常清爽。显纹的实木家具和布艺元素结合，既有简约的舒适感，又有中式的韵味，搭配得刚刚好。为了点缀空间，设计师特别用心的在门头与窗户的顶部用马赛克小砖来装饰，小小细节也能成为点睛之笔。韵味十足的中式顶灯和台灯也在角落散发着必不可少的魅力，让空间更具活力。

　　整体没有复杂累赘的设计，只是利用简洁的线条勾勒出了空间的层次感。远处的洗漱台，用印花玻璃做隔断，在保持了整体清爽简洁的风格之余，还多了几份中式的韵味，耐人寻味。

　　转个角度，看整体格局，清爽，通透是最大的感受。空间色调的统一是最基本的前提，装点于各个角落的饰品，四散却并不凌乱，恰到好处的点缀着每一寸空间。出了墙面的简洁设计，天花也是十足的"简约范儿"，凹凸的层次感是基本的装饰，当灯光亮起，纷繁于外，平和于心，是家带给我们的最原始的感动。

　　光阴，没人能描绘出他的面目，但处处都能听到他的脚步声，当我们在感叹"荏苒冬春谢，寒暑忽流易"的时侯，是不是也能体会到光阴荏苒所带给我们的心灵的洗礼与体会呢？这套作品与简约中透着淡淡的古朴味道，与现代中又透着丝丝的怀旧气息。

　　卧室与书房的合二为一，中间用中式的屏风分隔，整体感觉更宽敞，大气。显纹的实木家具让复古怀旧的味道弥漫开来，时间仿佛为空间注入了灵魂，并在此留下了岁月的痕迹，让人回味无穷。床头背景的线条设计，灵动的跳跃在墙面，为空间注入些许现代的气息。

项目名称：光阴的故事
地　　址：南京滨江奥城
设　　计：DOLONG 董龙设计　董龙
面　　积：170 平方米
装饰材料：艺术花格、大理石、进口马赛克、进口墙纸、进口地板等

平面布置图

本案建筑面积 300 平方米，共两层，是独栋别墅，带南北室外花园，是专为成功且品位优雅的人士量身定做的。

此案的空间定为美式风格。便捷、随意、休闲时美式家居最为强调的，因此整个环境部做刻意卖弄性的无所谓的装点，强调的是交通流线的合理，起居休闲的舒适与和谐，功能布置的实用与方便。

为了提炼出整个空间层次与文化积淀，纵览整个别墅，饰面板、窗帘布艺、墙纸起了不可忽视的作用，其自身独特的花纹为这个以美式定义的空间增添了浪漫、个性、舒适、大气的视觉美感。

用材上考虑的都是仿旧仿古系列。在家具陈列选择上强调整体风格的统一、大气、随意、轻松。每个个体家具表现出来的气质同样非常独到，同时也非常配合地表现出怀旧与人文传承的个性。

一层平面布置图

项目名称：景元花园
地　　址：浙江 台州
设　　计：祝建深
面　　积：300 平方米

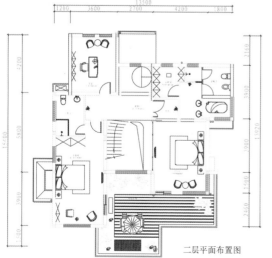

二层平面布置图

> 曾几何时，浸泡在中式浓重的氛围里，庄重而传统，细细品味文化的气息。中式总会让人觉得优雅而亲切，而欧式更注重于线条和花式的精雕细琢，体现了另一种文化的深刻。而本案则侧重丁鲜活元素的运用，素雅而清新。白色的镂空图案隔断，既划分了空间，又丰富了意境，简化的白色中式门套，大幅的银镜，令整个空间显得平和、清静，有虚有实，又不乏层次感。客厅墙身大幅面素雅枫叶墙纸，以及淡雅的水墨淡彩布艺沙发，宁静中带出一种淡淡的中国风。如此种种渲染出一种仙境的飘逸和洁净，连我自己都陶醉于其中了。天花吊顶采用极为简洁的直线现代造型，配以方框射灯，酷而刚劲，使整个空间风格更有韧性。本案通过色彩与材质的搭配，诠释了现代中式的另一种内涵：简洁而不乏质感的精细，素雅而不失意境的高远。

项目名称：现代中式的素雅主义

地　　址：经典射时代

设　　计：田光静

面　　积：160 平方米

装饰材料：巴西斑马木地板、安然墙纸、牛蛙家具、布老虎窗帘

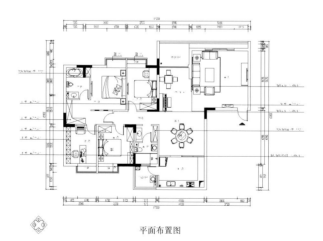

平面布置图

8哩岛

❝
　　为满足人们的生活方式与交流行为为出发点，设计师对空间精细考量、组织，营造了特定的岛式居住环境，使居住在此的居民因共同的社区感而形成和谐的生活氛围。建筑采用的是源自美国芝加哥的都市主义，加以重新演绎，形成新都市主义的形态。其室内设计延续了这一风格，美国式舒适、精致、大气的整体风格在本设计中被充分体现。客厅中设计师用典雅的灰色墙面衬托出家具的舒适与精致。餐桌上的蓝色桌布与酒杯同窗帘的色彩相互协调。在这里，蓝色成为了设计师联系空间的色彩。次卧室中，冷暖的高级灰共同组成了安静、舒适的色调。
❞

项目名称：8 哩岛 A 户型
地　　址：北京 朝阳
设　　计：法国米多芬（WM）建筑师事务所
面　　积：146 平方米
装饰材料：地毯、大理石地面、墙纸、艺术画框

塞纳河畔的自由

" 本案楼盘项目为营造文化与生活气质交汇的典型水岸城市巴黎作为项目生活情态的表现载体，塑造塞纳河畔自由、轻松而高贵的生活情境。为了使样板房与楼盘整体项目相呼应，样板房采用混合型的搭配来营造欧式的尊贵与奢华。

走进客厅，尽显欧式风格的尊贵气质，古老的留声机让岁月永恒；客厅和餐厅风格统一，色调搭配；卧室的奢华呼应了整体的风格。屋内随处可见主人精心淘来的异域风情的饰品，不禁让人眼睛一亮：原来生活可以如此精彩和有趣。房间的灯与空间的自然交融，一同营造了浪漫温暖的氛围。 "

项目名称：中海塞纳丽舍

地　　址：南京

设　　计：新思维 & 董龙工作室

面　　积：170 平方米

装饰材料：墙纸、博德瓷砖、橡木地板

> 简约不简单的极简哲学……
>
> 简约就是简单而有品位，它是深思熟虑的创新和延展，更多体现空间里的因果、顺承关系。本案所有家具与灯式线条利落简洁，造型简单且富含哲学意味；色彩主要是灰、米、白等多种原色的组合，沙发靠垫、餐桌布、窗帘和床单等整片色彩则带来一种低调的宁静，使空间得以净化，而局部深蓝色的鲜艳搭配将个性跳出来，大胆而灵活，使得整体设计在贴合简约生活之外更多了时尚个性的色彩。

项目名称：海湾半山私宅

地　　址：上海

设　　计：上海全筑建筑装饰设计有限公司

面　　积：170平方米

装饰材料：石材、镜子、木饰面

平面布置图

别墅为一个五层结构的建筑，很好地把各个生活区在空间上自然划分。以泰式田园的设计风格为主导，在空间、材质、色调三方面演绎着悠闲而富有品味的生活，慕求带你走进一个热情而斑斓的家。

浅色调的墙纸，结合棕色木材，配以布艺家具做装饰，以高浓度地域色彩的饰品加以点缀，来表现独特的泰式风情。石材与钢化玻璃的局部使用，丰富了空间上的层次与材质上的对比，让本单元独享一种张扬的个性。本设计的精妙之处是木屏风的软性间隔，使整体格局上紧凑且虚实相宜，让你仿佛置身于东南亚式悠闲的度假气氛之中。游走在本单元之中，你会感受到在那不经意间流露的热情与绚丽，轻松与愉悦将是你最大的体会。

项目名称：中颐永和（A4 01 单元联排别墅）
地　　址：北京
业　　主：中颐集团
面　　积：220 平方米
装饰材料：石材、钢化玻璃、软包、墙纸

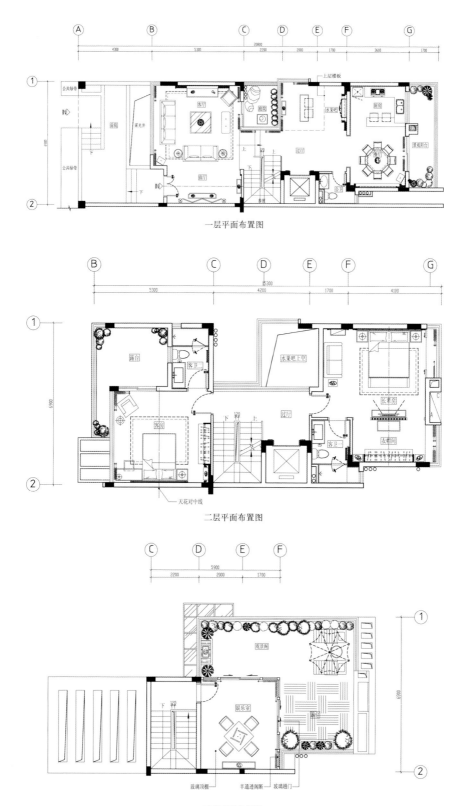

一层平面布置图

二层平面布置图

三层平面布置图

闲适主义－怀旧

全新的家居设计理念，体现怀旧情结和闲适主义的风范。有感悟、有积累、有想法，是这个房子设计的基础。红色窗格移门打破了房子的视觉印象。手绘玄关柜、福字窗格、青花瓷马赛克、东北大花布，把这个新家渲染得有姿有色，让人仿佛忘记了置身于喧闹城市中的公寓，恍若隔世。

然而，设计师并不只是注重形式上的新颖，而是将其对日常点滴的生活心得体会融入到了房子的设计中，让居住者更方便、更舒适、更惬意。原来卫生间干湿拥挤，进门便见卫生间，不仅不方便使用，而且在风水上也犯忌讳。于是，将墙体外移隔出独立的干区，卫生间门向改变。不仅增加了空间的趣味性，最重要的是让使用更加方便。东北大花布的衬托下，设计师巧妙的搭配的家具，亦中亦西的设计手法和摆设按照使用者的需要，没有定式，却合情合理。

项目名称：闲适主义－怀旧
地　　址：南京宋都美域
设　　计：DOLONG 董龙设计　颜旭
面　　积：123 平方米
装饰材料：艺术花格、马赛克、进口砖、进口墙纸马赛克、线帘

“　本案的风格体现了文化与情感上的兼容并蓄，怀旧与摩登在这里得到碰撞，不锈钢、银器与皮革、马毛的混合相得彰宜。

　　玄关和客厅层高很高，为了体现气势以及空间的饱满度，地面除了采用东欧米黄大理石外还配合了意大利进口的暗花纹砖，墙面则采用了马赛克拼图。墙纸的选择也是咖啡金竖条纹，为了是更加拔高客厅的空间。二层将原有的房间打开作为一间书房，黑色的暗花纹墙纸更加体现主人的稳重感，二层的卧室设定为父母房，因此采用了大量的皮革硬包，以体现出一种岁月之感。

　　三层卧室，我们设定的是一对双胞胎男孩，因此我们将原有的两间房打通，之间通过帘的形式区分睡房区与儿童游戏区，在选材上也采用了银蓝色暗花纹墙纸为主调，配合米灰色窗帘以及航海地图的床品加以点缀，让儿童的世界充满奇妙的色彩。四层主卧室则采用了深咖啡调暗条纹墙纸搭配暗花纹墙纸，以体现主人的品位感，同时运用不锈钢让时尚摩登感得以体现，主卫则采用了意大利进口的软包状的砖以铺贴，大面的化妆镜让主卫更加通透，同时也扩大的主卫空间。”

项目名称：溪山美地园 24 栋联排别墅
地   址：广东 深圳
面   积：278.5 平方米
装饰材料：东欧米黄、墙纸、斑马毛、暗花地砖、羊毛地毯、
          拼图马赛克、地毯、拼花马赛克、软包

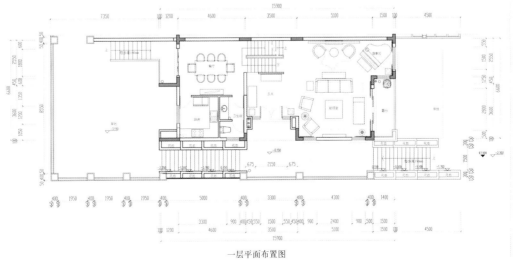

一层平面布置图

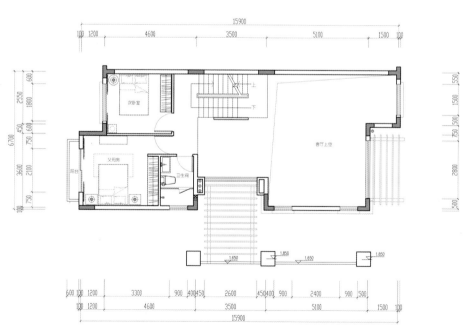

二层平面布置图

英式田园的自然写意

13

❝

　　业主对田园风格相当偏爱，本套房屋地理位置面朝长江，正处于两江交汇的地方，环境非常惬意。

　　在现代风格建筑的基础上，创造出英式田园的自然与写意，宁静与和谐，恰当的融合了室外与室内的大小环境。把狭小的空间通过墙体的改造与木制隔断的区分，呈现出若隐若现的空间错觉与延伸。大量运用了白色做旧的处理手法，采取了实木做隔断，尽量呈现出自然的元素。

　　本套设计不但打造出小环境的休闲，也打造出大环境的写意，充分满足了业主多年来对休闲生活的愿望。

❞

项目名称：重庆阳光 100 国际新城
地　　址：重庆 南岸区
设　　计：田径
面　　积：130 平方米
装饰材料：马赛克、拼花地板、木质软包、墙布

平面布置图

托斯卡纳的春天

❝

　　本案是一套带半沉式地下室的二层独幢别墅。通过分析原有空间的采光、通风、人体动线、功能定位，再结合原建筑风格和工程造价这些因素，设计师采用意大利托斯卡纳风格，整体设计中除了客厅壁炉和一些功能柜外，基本对墙面不做任何装饰，选用最普通的涂料加软装搭配进行装饰。

　　进门入口通过托斯卡纳风格的螺旋柱拱门，将客厅、家庭室、餐厅功能区域进行了重新划分。不同的仿古拼花地砖、风化木梁体现了各区域空间的变化。二层主卧通过灰兰色的墙面基调，配合白色羊毛地毯、铁艺四柱床、草黄的草编壁纸背景墙，利用冷暖色调的视觉渗透，让你感觉宁静、浪漫、出众。地下室螺旋梯台阶下就是一个景观水池平台，下平台后利用装饰酒架和拱形门洞将原空间划分成一个男人的世界：酒吧和桌球室……

　　本案的设计特色就是以最廉价、最简单的装饰手法，通过功能布局、色彩灯光控制、软装的合理搭配来营造浓郁的异国情调。

　　❞

项目名称：琨城帝景园 1 型别墅样板房

地　　址：广东 广州

设　　计：钱世贤

面　　积：180 平方米

装饰材料：仿古拼花地砖、马赛克、软包、壁布、羊毛地毯

" 　　十年一次，一年一次的幸福固然重要，但人生中更多的是平常的日子，平淡如水的日子。如果我们肯在每天的平常日子里多费一点心思，多花一点功夫，做一些简单的修饰，就可以使平凡的生活变得不同寻常，生活中的每天也都会变得多姿多彩；如果我们在一切细微之处享受人生，体验到生活中最大的幸福，那么平凡的事物也将得到升华，我们的心灵也会焕发出勃勃生机。

　　作品中，注重细节处的处理，仔细推敲颜色、款式的搭配，让每一处都焕发非一般的精彩，尽享雅致生活。为了更好的营造出中式田园的风情，在后期软装中，墙纸、沙发、灯具、花雕……充分的呼应了主题，营造了氛围。

"

项目名称：雅致生活

地　　址：金基汇锦国际

设　　计：DOLONG 董龙设计

面　　积：140 平方米

装饰材料：木雕、水晶灯、大理石、进口墙纸、进口地板等

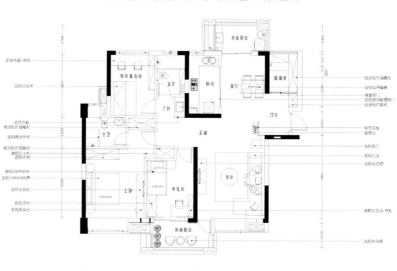

平面布置图

四季自然风

> 源于欧洲美丽的乡村风情，别墅建筑设计充分秉承了深厚的历史文化底蕴和自然纯朴的田园生活。对于 A 型别墅的室内设计，设计师融入了对于自然世界四季的感悟，引入了浓郁的四季自然风情，来诠释装饰设计的风格理念。根据法式不同风格的建筑，将建筑外观自然的乡村气息延续至室内，以浅米色为基调，辅以浅绿、明黄、淡蓝、粉色、红色及棕色，展现清新优雅的春、浪漫激情的夏、成熟诗意的秋和奢华富足的冬，也隐喻了人生的四季，代表着不同的生活方式，以不同特色的细节展示着不同的风格，风格创造美丽。

项目名称：古北
设　　计：胡知明
面　　积：240 平方米
装饰材料：地毯、木质软包、水晶灯、银镜、进口壁纸、绒布

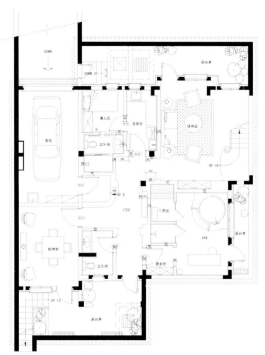

平面布置图

> 本案座落于山水之间的坡地别墅是物华天宝、藏风聚气之地，建筑与山水、园林融于灿烂的阳光中。整体设计以南加州美式风格为蓝本，并通过设计提炼，去繁就简，彻底释放空间本质的设计意。

客厅空间形式简洁流畅，主立面的米色石材背景与粟色家具烘托典雅色调，简化的券拱结构划着优雅的弧线，把客厅、餐厅稍做视觉上的分隔，而丝质纱帘又柔和的拉近了两者的距离，沙发背后陈列的工艺品活泼、华丽，衬托着空间的品位。稍带银光的墙纸与石材一起是整面视觉的核心所在。铁艺做旧处理的灯饰有些斑驳，营造了空间的历史感。沿着精致的木梯而上，前厅周围均匀分布着主人房、孩子房、老人房、书房等功能空间，都保留着别墅特有的坡顶结构，卧室内用墙纸高贵的色调来衬托主人的气质，新古典的大气的樱桃木床彰显了主人的品位，蜡烛般的灯光开启，如烛光摇曳，浪漫情怀尽显其中。荡漾着人文、艺术，体现了典雅的生活。

项目名称：山水芙蓉别墅区
设　　计：胡知明
面　　积：420 平方米
装饰材料：莎安娜米黄石材、马赛克、墙纸、休闲砖、樱桃木地板

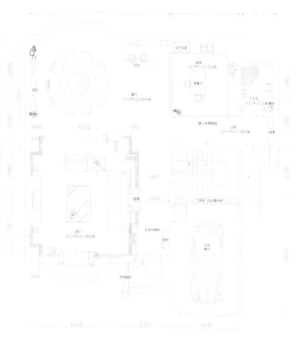

负一层平面布置图

一层平面布置图

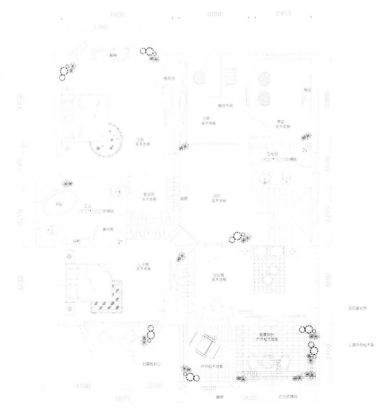

二层平面布置图

Art Deco，即装饰艺术派，其演变自十九世纪末的 Art Nouveau（新艺术）运动，当时的 Art Nouveau 是资产阶级追求感性（如花草动物的形体）与异文化图案（如东方的书法与工艺品）的有机线，并将简化的西方古典元素融入现代的表现手法，比较稳重、精致之色调及古典花型图腾为主轴贯穿整个空间。以米色为基调，运用和白色材质对比及强调精致的细部，适度运用光线引导空间动线，并且搭配具有新古典风格的家具，彰显高贵气质的设计，营造出现代奢华之空间效果。在不同的国家，ART DECO 的表现形式都会融合当地的本土特征，因而很难在世界范围内形成统一、流行的风格 但它仍具有一致的特征，如注重表现材料的质感、光泽；造型设计中多采用几何形状或用折线进行装饰；色彩设计强调运用鲜艳的纯色、对比色和金属色，造成华美绚烂的视觉印象，使空间多姿多彩，充满创意。

项目名称：东方润园
地　　址：杭州市江干区东方润园 4-1
设　　计：梁苏杭
面　　积：290 平方米
装饰材料：大理石、银镜、水晶灯、布艺、壁纸

以和为美

本户型空间布局合理，使用率高。为了表达出较高的品质和空间特点，设计师用现代中式手法来进行演绎。古典色彩黑、白、红、金在设计中被广泛使用，再配以现代中式家具，使本案体现出现代中式的设计风格。在这里品一杯茶，欣赏着兰花与梅花的清雅姿态，会让尘世浮躁的心态得以平复。仿古的楹联和匾额，为书房空间增添了古典文化元素。红、黑、灰搭配的床品大气、整体，现代中透着古典韵味。客厅中仿荷叶的吊灯与墙面荷花装饰相呼应。荷花在中国有"兄弟和睦"之意，故被许多设计师所采用，也体现着中国传统文化中"以和为美"的寓意。

本案中"案，几，桌"的选用极为恰当，淡绿与黑色的搭配既表达了古典元素，又不失现代感，并为空间增添了尊贵气派的风格。仿古灯笼制成的吊灯，完美地烘托出了空间的氛围。餐厅中家具的选用，也为空间凭添了几分庄重与尊贵。精致的黑色石材收边，使中式元素这一风格得以延续。起居室与餐厅空间户型衬托，浅色的座椅洁净、舒适。墙壁上的组合式镜框布置颇有几分欧式设计风格的韵味。客厅空间采光很好，明亮阔绰，有很好的观景角度与方位。卧室中的超大飘窗使阳光、清风相拥入室，全面体现了以人为本的整体设计理念。

项目名称：富力又一城 A 户型
地　　址：北京 朝阳
设　　计：汉森国际（伯盛设计）
面　　积：200 平方米

20

浓浓的异国风情

"
　　本案设计师用现代欧式语言来表现整个空间。浓浓的异国风情充满着每一个角落，彰显出空间的高贵品质。简洁的色调搭配、深色的家具饰品等衬托着空间的精美，壁纸上的素描图案似乎将人们的思绪带到了遥远的欧洲。拱门与拱窗的设计，简洁大方而不失整体，并连接和贯通着空间。深色的地板衬托出了空间的精致和唯美。间接照明和直接照明的结合使用，使空间充满着祥和气氛。现代的灯具等饰品，共同渲染着空间的格调。

　　在这里，古典的繁复的装饰被去掉，取而代之的是间接、舒适，以适应现代人的生活品味与生活习惯。绿化的布置让空间充满了生命力，并增加了许多生活情趣。卧室空间中，灰色幔帐与靠垫上的精致图案，渲染出了十分雅致的空间氛围。优雅精致的家具，美丽典雅的饰品，精致的吊灯—这一切动人心弦的装饰主题就是为了营造空间的高贵感，设计师更注重在细微处的雕琢，含蓄的表达出内敛低调的奢华风情。卧室与书房延续了整体的高贵风情。

　　纵观本案，设计师用高雅的色调，合理的空间布局与华美的家具，成功地将欧洲古典风情移植到本案中。使本案从一般的豪宅风格中脱颖而出，不但显现出谦虚不炫耀的气质，也适当的表达出奢华的风情。悠闲与舒适，在时下生活压力的扩张下，渐渐成为居家空间的表现主题。在设计师规划的空间里，对于压力的释放与丰富生活的表现形式，使得西方文化符号在这里展现，以明亮开阔的方式重新诠释空间的新生命。
"

项目名称：西山林语
地　　址：北京 海淀
设　　计：加拿大 IBI 公司
面　　积：160 平方米
装饰材料：壁纸、灯饰、地板、窗帘、软包

纯净与美好

当我们看多创意新奇的居所，见惯了色彩缤纷的家人，我们开始怀恋曾经地纯净美好。在这个温婉、现代的家中，人的状态会特别好。你不需要出去找其他的放松方式，家就代表我们最理想、最舒适的状态，因而我们是如此地热爱它。家就是朴实、宁静、安详的港湾，任时光荏苒，于天海之间，悠然自得。

把不合理的空间淡化处理，突出功能，精减色块为设计该案的主要定位。不需要太多的空间，让一切的功能收敛一平淡婉约。合理的平衡各个空间的机能还需要对空间尺度的不断推敲。适合业主的即使是最合理的需求。每个家居设计即使是个性的定制。

这套最得意的设计之处是格调的协调统一，空间机能的划分完全优化了常规通过空间的规划弊病。对家的理解不单纯的是居息空间，对家的理解结合着居者生活的习惯，设计需要人性化。

背景墙透出不加修饰的肌理，给人一种纯朴原始的自然美，灯和家具的配合，营造出一种温润的感觉。设计手法的干练大气，强调建筑物的实用功能，色彩的运用使其充满现代感。

项目名称：舟山汇景东方样板房别墅 B
地　　址：上海
设　　计：崔俊
面　　积：350 平方米
装饰材料：简一陶瓷、金贝、马赛克、申瀛家具

"推开拱形的原木色大门，一幅裱着花卉油画的精致画框吸引了我的视线。这玄关并没有过多的修饰。纯朴自然的白墙在柔和的灯光下晕染出温馨而又浪漫的气息 一束束阳光透讲马蹄状的窗户映在一幅幅画框上 高雅的品味溢满眼帘，就连油画里的人物也惬意的享受着这悠闲时光。花卉围绕的原木椅充满浓浓的田园气息，罗马柱般的装饰线简洁自然，流露出古老文明的气息。柔和高雅的色调仿佛是一曲美妙的前奏，令人沉醉。

地中海地区的家具以古旧的色泽为主，多为土黄、棕褐、土红色。线条简单且浑圆，为了延续古老的人文色彩，家具直接保留木材的原色，使用的时间越长就越能体现出古老的风味，典型的地中海色彩总是和自然有着紧密的连结。

原木总能给人自然祥和的家居氛围，尤其是在客厅，原木的运用被发挥到极至。采用低彩度、简单线条、修边浑圆的木质家具与棕褐色的陶砖搭配，与客厅顶面采用的原木横梁和砖材料呼应，营造出原始、自然、朴实的氛围，极具亲和力。顶面与墙面形成的拱形，既体现了地中海的特色，也从视觉上拉伸了房间的层高。

客厅里陈列着当地人最喜爱的独特手工铁艺制品；类似普罗旺斯紫色薰衣草绽放着；以地中海的植物花卉作为图案的沙发，热带风情的绿色植物，让我们感觉不到四季的更替。巨大的蜡烛列放在茶几边，可以想象烛光下的客厅是多么的温馨浪漫。动物的皮毛即为房间增加了灵性，又显示出对自然的崇尚，彰显生活品位。"

项目名称：某地中海式田园风格设计
地　　址：北京
面　　积：260平方米
装饰材料：原木、铁艺、马赛克、特制吊灯

本样板房位于五缘湾，利用得天独厚的地理位置，结合该区域的功能规划，本设计的主题正是营造出一种舒适、休闲、高品质的游艇家居生活，使人幻想迷恋大海所拥有的神秘力量，游艇所蕴涵的海洋文化，让人回到家就有一种享受大自然、阳光、海滩，分享快乐的喜悦心情。

主要以白色调为主，利用各种材质的变化将游艇的元素设计运用的淋漓尽致，使人们生活在当中，有身临其境的感觉，使室内外完全融合为一。

平面布置图

> 本案虽以东南亚主题命名，但风格装饰却做得节制优雅，没有过多的刻意雕琢，也并非是对东南亚地区风格的完全复制。设计师以闲适生活为第一准则，将设计融于生活，创造清新自然中带着闲适生活的东南亚风情。

室内陈设上，现代的空间点缀着带有东南亚色彩的摆件，是设计的总路线。柚木、天然的草编墙纸、金箔马赛克拼花的运用，让人隐隐感觉到大自然的灵气，又不失贵气。墙面富有质感的纹理露出自然温暖的表情，既丰富了视觉层次，又消除了原先光洁表面的生冷。

客厅有 6 米的层高，双面落地玻璃，贴近花园泳池和花园。设计师在沙发的布置方式上采用围和式的摆放方式，使得主人在招待客人时气氛更加和谐。墙纸选择天然的草编墙纸，为的是把室外的景观引入到室内。主墙面运用的金箔和银箔马赛克拼图，灰茶镜搭配大型的东南亚木雕，成为客厅的视觉的中心。餐厅和厨房中的金箔马赛克拼图给长长的走道做一个视线的停留，开放式的厨房使空间更加的开阔。

项目名称：溪山美地园 22 栋联排别墅
地　　址：广东 深圳
设　　计：李益中
面　　积：350 平方米
装饰材料：墙纸、马赛克拼花、金箔、黑木檀大理石、琉璃砖、深色柚木

平面布置图

同的效果，尽情随性的享受每一个角落。设计落实于生活，一切只为了更加美好的生活。

本案是两套套房打通，风格为现代北欧格调，纯白空间的联想。品味家具与饰品精至的点缀。整个空间格局上以贯通的手法相结合。墙面通过直线与块面的简单处理方式。大体基调以白色为主，不管是顶面，墙面，还是地面。通过简练家具随性的陈设，满足了女主人想要走到哪里坐到哪里的要求。加上多样化饰品的点缀。也可随着以后心情的变化，而自由去变换空间，这就是本案的最终目的……

平面布置图

项目名称：望江大厦

地　　址：温州市望江路望江大厦 1902 室

设　　计：温州市贝克装饰有限公司

面　　积：300 平方米

装饰材料：马赛克、特制烤瓷、水晶灯、象牙白大理石

心中的桃花源

无论是高调的奢华主义，还是酷酷的极简线条或者用夸张的色块来张扬的表达方式，归根结底都只是形式上的变换，作秀而已。人们心底真正呼唤的，一个叫做"家"的地方带给人们最渴望的，还是那种温暖、轻松和舒适。而这，或许正是田园风格经久不衰，始终拥有独特魅力的所在吧。只有它永远带有最接近人们内心渴求的那种温情和胸怀，像港湾般接纳。

回廊通常是家里的曲径通幽处，是家庭气脉的所在。全木质的家具和装饰物协调统一，充满田园诗般的气质，优雅而自然。在田园风格里，粗糙和破损是允许的，因为只有那样才更接近自然。田园风格的用料崇尚自然，砖、陶、木、石、藤、竹……越自然越好。在织物质地的选择上多采用棉、麻等天然制品，其质感正好与乡村风格不饰雕琢的追求相契合，有时也在墙面挂一幅毛织壁挂，表现的主题多为乡村风景。

同样是穹顶挑空的空间结构，这条走廊却显现出一派优雅闲在的地中海式的浪漫田园气息。可见田园风格并不拘泥于某种类型化的摆设，更不是某种装饰物所独有。墙面干净不被破坏整体质感，选择大幅油画悬挂彰显高雅的贵族气质。两台台灯大气古典，与其他配饰风格相得益彰。地板色调与整体光线色泽浑然一体，体现出空前的和谐，而和谐，也正是田园风格一贯崇尚和追求的。

客厅是最能展示一个人生活态度的地方。地面由木地板色的地砖组成，简洁硬朗，结合斑马纹地毯和砖墙吊顶，倒是分秒之间把人带到非洲草原，虽然多了几分粗犷，但也不失率真。靠墙放置的一溜布艺沙发，简单而整洁，没有皮质沙发的办公气质，实实在在是日常生活的柔软舒适。明媚的午后，约三五好友来家中喝下午茶，就着明亮的挑高式落地窗洒进来的阳光，盘腿在沙发上闲话家常，不失为人生快慰。贤惠的女主人，则会抱一只小狗，坐在古典的欧式扶椅，恬静地微笑。

田园风格倡导"回归自然"，美学上推崇"自然美"，认为只有崇尚自然、结合自然，才能在当今高科技快节奏的社会生活中获取生理和心理的平衡。因此田园风格力求表现悠闲、舒畅、自然的田园生活情趣。典型的欧式田园风格，设计上讲求心灵的自然回归感，给人一种扑面而来的浓郁欧洲气息。

项目名称：心中的桃花源
地　　址：北京 海淀
面　　积：120 平方米
装饰材料：木地板、艺术灯、木质隔断、银镜、皮革

    本套型是楼中楼的格局，户主希望营造一个温馨舒适浪漫的自然美式田园居住氛围。设计师选用仿古砖和复古墙纸构建整体优雅温馨的基调。依据设计要求，在设计选材上，整体使用的大量的木质材料，将整个客厅营造出一种典雅、自然的气质。

    通过盘旋的楼梯，步入二楼的私人空间，此处的设计元素呈现动人的表情：卧室的家具与壁纸搭配共同营建了浪漫自由的田园风，书房的白色书桌和欧式花纹则让这个思考的空间充盈沉静和淡然。

    休息室是家人朋友闲聚放松的地方，采光和景观的营造显得尤为重要，通过合理的窗门构建、室内外空间的交通和分隔变得自由而透彻，此处既可以自成一室，让亲情友情在其中弥漫，也可以沟通室外，让人与自然变得亲密无间。

项目名称：佘山圣塔路斯朱公馆
地　　址：浙江 杭州
面　　积：230 平方米
装饰材料：木质地板、大理石柱、马赛克、地毯、铁艺吊灯

本项目建筑面积 480 平方米，框架结构，层高 3.2 米，防火等级三级，建筑性质为住宅，地处成都市双流牧马山。

根据该建筑所处的森林公园的特殊位置，以乡村自然田园风格来确定整个室内的设计风格，形成一个舒适的居住空间。

项目名称：成都维也纳森林别墅某宅

地　　址：四川 成都

设　　计：蓝山

面　　积：480 平方米

装饰材料：枫木、釉面地砖、地毯、软包

　　作为建筑面积164平方米的居家，面积分布着重于卧室等较为私密的空间。给予公共的活动空间并不许多，因此在了解所使用者需要以及风格喜爱之后。设计以白色作为主基调，夸大视觉感受。以现代简约主义中极富代表性的流线型线条作为造型的主要结构，避免重复出现的折角分割空间整体感，共同营造出田园风情。

　　首先通过玄关进入起居室。狭长的空间兼容厨房、餐厅以及会客厅与一体。玻璃质厨房平拉门，玄关与起居室的玻璃隔断，均在保证采光的基础上，以不阻隔视觉延展为目标进行了功能区的划分。而有地面一直延伸到墙里面的条形双色纹，以二维手法演绎三维的空间，增添居家趣味性，同时为极尽白色空间带来跳跃式的变化，使空间增加韵律美感。整体的吸顶空调，将出风口置于天花等处，大大降低了对室内立面美感的影响。天花简洁，灯光排布均匀，保证室内层高的最大值，且简约时尚。而通过镂空雕花的隔断依附原本建筑结构，设立一处功能机动的和室。提高地面高度，用地板等隔寒材料形成类似榻榻米的室内环境，可调节掩藏与榻榻米之中的茶几，使其可以成为于挚友品茗畅谈之处，更在家中客人较多时成为一件独立客房使用。卧室的设计则侧重，温馨与浪漫，柔和的色调，马赛克拼花爬满了的卫生间，都将款款留恋，眷注于此。

　　家，好似一盏绿茶般，恬淡而芬芳。

项目名称：龙园 8 号住宅空间
设　　计：RYB• 三原色建筑装饰设计院　唐锦同
面　　积：164 平方米
装饰材料：白橡饰面板、复合板、布纹地砖、玻璃、
　　　　　拼花马赛克、灰镜

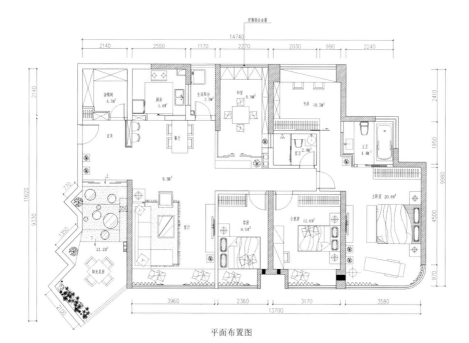

平面布置图

　　本案是二手房改造项目，设计师拿到这套案例首先想的是改变部分缺陷的空间格局，纠正房型的缺陷。他们把北阳台原有的储藏间和阳台打掉，做了个半敞开式厨房，这样原本厨房的位置空出来，放置了酒柜、双开门冰箱，同时餐厅的面积也变大了。在餐厅的另一面墙壁做了假壁炉，以配合整个有点地中海的风格。

　　客厅中的家具看似奢华贵气，其实价格不贵。业主根据设计师的"指示"，在网上购买较便宜的同类型的家具，新古典感觉的暗红色沙发，搭配质感很好的美式原木茶几，混搭的绝对效果，你丝毫看不出这些家具原本的"身价"。

　　主卧内基本就是全美式的装扮，深色地板、厚实的家具让空间显得稳重大气，不过墙纸、圆形蚊帐、以及田园感觉的床品打破了沉闷的色调，让卧室更温馨。

　　卫生间的门改到靠主卧的边上，过道的门套做窄点，圆拱造型，更符合地中海风格的特点。把卫生间的门挡在门套的后面，卫生间的门就是移门，纯白色的门板看着单调，其实里面别有洞天。

项目名称：证大家园
地　　址：江苏　常熟
设　　计：巫小伟设计事务所　杨旭
面　　积：100 平方米
装饰材料：乳胶漆、仿古砖、石膏线条

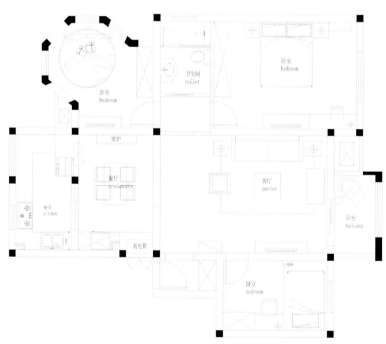

平面布置图

　　华府天地顶层复式公寓属上海顶级公寓，高造价的室内设计和选材提升了豪宅的品质。内部设计提供了所有起居、休闲娱乐方面的服务，极尽生活所需，且对主人的私人生活几乎没有影响。商务会客和主人起居的功能被明确划分为两部分，容纳了主人的不同个性，功能的扩容是直接导致物业的增值效应。中西双厨、健身中心、私家KTV影音室、艺术长廊，内敛而丰富，尊贵、大气、典雅的内部装修注重体现豪宅生活品质，从容中透露出自然典雅的韵味，与绿意黯然的风情园林以及楼王品质的建筑相互辉映，营造出无比愉悦的情调，提升了华府豪宅的内在品质与精神。

项目名称：华府天地大复式
地　　址：上海
设　　计：蒋惠霆
面　　积：900 平方米
装饰材料：进口地板、定制家具、大理石贴面、水晶灯

浪漫地中海

" 案风格为浪漫地中海风格。向往舒适的居住环境，宁静的生活空间，从碧海、蓝天和洁白沙滩上所获得的灵感，反映在家居上，就是一片纯净的白和这种若有若无的蓝，这种蓝并不是让人看一眼就会迷醉的湛蓝，而是水洗过似的轻浅、柔和。巨幅观景窗带来的明亮光线，使这间居室显得更加宁静、安详，清爽得像天堂一样。喜欢地中海式家具其极具亲和做旧的感觉、有点粗糙，但是极为舒适。藤编储物筐颇具艺术观赏性，显示出温馨浪漫之气。　想像一下地中海的天空、海洋、沙滩，那种连空气中都漂浮着悠闲味道的蓝色与白色无处不在，好像薄纱一般轻柔，让人感到心旷神怡。 "

项目名称：某浪漫地中海风格

设　　计：单丽华

面　　积：89 平方米

装饰材料：壁纸、仿古砖、装饰画、杉木、仿古木、
　　　　　蓝色混油

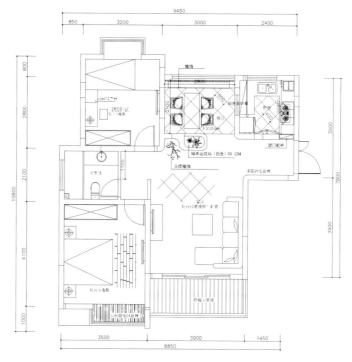

平面布置图

太湖美山庄坐落于苏州太湖西山岛上，采用中国园艺规划理论，结合现代西方景观设计手法是"太湖美山庄"绿化布局的方针，人工环境与自然环境相协调，使绿化率充分发挥绿地的功效将别墅与绿色空间融合为一体，使得居住者更有饱尝清新空气的感觉。

为了更好的营造出森林中的住宅，作品主打地中海式田园生活。拼花大理石地面、圆形的门洞、田园的软装氛围一同营造出田园生活的惬意。

一层平面布置图

二层平面布置图

项目名称：太湖美山庄
地　　址：江苏 苏州
设　　计：红蚂蚁装饰　俞海龙
面　　积：180 平方米
装饰材料：拼花大理石、铁艺灯具、木地板、马赛克

"
　　本案设计师试图用现代欧式的设计语言，来表达别墅空间的舒适。空间被作为第一要素来表现。宽敞大气的空间形式极尽奢华，让人艳美。设计师利用地台来丰富空间形式，在这里，设计师将开敞的空间布局演绎得十分完美。为保障空间的连贯性与贯通感，吊顶中的木作划分出了会客空间。古典的家具布置形式庄重而温馨。楼梯间用四根柱子围合成了虚拟空间，既保障了安全性，又使空间格调完整统一。米黄石材与精美的木作构成了温暖、舒适的氛围。大小不等的白色柱子既丰富了空间形式，又表现出欧式古典文化的博大。白色的墙壁与顶棚一起，衬托出现代欧式家具与饰品的奢华与细腻。
"

项目名称：美茵河谷别墅样板
地　　址：北京 昌平
面　　积：660 平方米
装饰材料：米黄色石材、地毯、沙曼、定制铁艺灯

在本案的精美组合之中，可以看出这个业主的需求：喜欢山水草木等爱好。遵循客户的基本思想，我们以此为切入点，从中国的新古典主义和中国江南水乡的独特风韵开始整体构思，并且以最具代表的苏杭风格为主导、贯穿整个设计当中！

在大城市里住惯了，很难想象一个园林能够美到此种境地，因此从小就对苏州园林将信将疑，认为它不过是作者心目中一种美好景象的寄托吧。想当今我们生活的空间，无非就是一个水泥时代的空间，路是水泥、房子是水泥、连现在的的假山假树等也 是水泥制作，这样难免给人一种灰色空间的感觉，在本案中，为了是家的感觉有生气、有动感、有灵气，我也借助了中国上下五千年的文化，在整个空间中让绿色（代表活力、青春、生机勃勃）、水（动感、灵气）等贯穿其中，一脉相承。既很好的体现了主体、又达到我们所要需求的韵律！

项目名称：韵
地　　址：江苏 苏州
设　　计：徐海洋
面　　积：100平方米
装饰材料：原木、釉面砖、大理石、马赛克、花枝灯饰

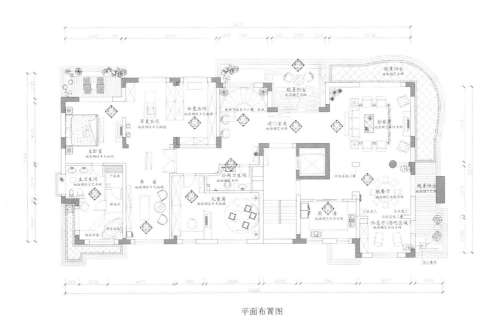

平面布置图

" 美是一种时间的沉淀，是一种文化的传承，是人们对生活的感悟，是一种经典。

　　本案设计为了体现美式风格的高贵而又典雅的特质，在装饰材料的选用上，更偏向一些有着厚重质感的仿古材料，并搭配一些天然石材、壁炉、大理石装饰线等。在软装饰上延续着美式的古典高贵主题。现在美式的沙发、古铜色的吊灯、实木的餐椅、清新的窗帘及主卧主题墙————粉墨登场。在空间上客餐厅及过道书房融为一体，又相互区隔，主卧与次卧也各自分开，既保证空间的整体性，又互不影响使空间极具优雅气。 "

项目名称：美之家
地　　址：深圳中信红树湾
设　　计：上海百安居装饰工程有限公司　张阳
面　　积：140平方米
装饰材料：釉面砖、大理石地面、软包、马赛克

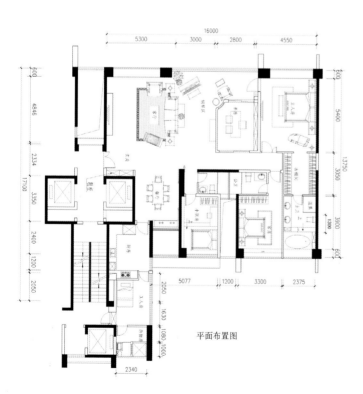

平面布置图

图书在版编目（ＣＩＰ）数据

创意样板房．田园风情／梅剑平主编．－－２版．－－北京：中国林业出版社，2013.3

ISBN 978-7-5038-6918-1

Ⅰ．①创… Ⅱ．①梅… Ⅲ．①住宅－室内装饰设计－
图集 Ⅳ．① TU241-64

中国版本图书馆CIP数据核字 (2012) 第317294 号

创意样板房（第二版）——田园风情

◎ **编委会成员名单**

主编：梅剑平

编写成员：贾　刚　董　君　储月红　邓晓军　丁　婕
　　　　　郭鹏飞　何　杰　贾　莉　刘　敏　龙依炼

◎ **丛书策划**：先锋文化
◎ **特别鸣谢**：中国建筑装饰协会

中国林业出版社 · **建筑与家居出版中心**

出版咨询：010-8322 5283

出版：中国林业出版社（100009 北京西城区德内大街刘海胡同 7 号）
网址：www.cfph.com.cn
E-mail：cfphz@public.bta.net.cn
电话：(010) 8322-3051
发行：新华书店
印刷：北京高迪印刷有限公司
版次：2013 年 3 月第 2 版
印次：2013 年 3 月第 1 次
开本：787mm×1092mm，1/16
印张：9
字数：100 千字
定价：39.00 元